U0359124

LUXURY STYLE II

奢豪宅 II (下)
高端别墅设计

深圳市博远空间文化发展有限公司 编

华中科技大学出版社
http://www.hustp.com
中国·武汉

目录

现代摩登

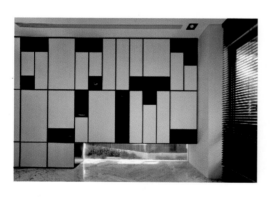

天茂湖观湖别墅样板房

东情雅奢

保利天悦曦园

金地绍兴迪荡　蘭悦别墅

林隐—紫悦府
D 户型别墅

杭州丽景山别墅

中建锦绣珑湾样板房
182

路劲集团（常州）
X1 户型样板房
188

御园别墅区
B2 户型样板房
194

西韵极妍

巩义朗曼新城
美式样板房
202

星联湾新中式样板房
210

瑾公馆
216

上海绿城盛世滨江顶复
228

英伦骑士心—紫悦府
B 户型别墅
238

金地广州荔湖城别墅
250

金地 · 中央世家 260 户型
256

福建龙旺康桥丹堤
D4 户型
266

福建龙旺理想天街
B1 户型
276

蓝湾上林院 380 户型
286

现代摩登
现代 简约 时尚 轻奢
Modern Brief Fashion Luxurious

东情雅奢
东方 简约 时尚 雅奢
Oriental Brief Fashion Luxurious

西韵极妍
欧美 流行 时尚 奢华
Euro-American Popular Fashion Luxurious

现代 简约 时尚 轻奢

Modern Brief Fashion Luxurious

现代摩登

深层的晕染

设计机构： 拾叶室内装修设计工程有限公司	项目面积： 159 m²
设 计 师： 叶佳陇、张惠茹	摄 影 师： 锺崴至
项目地址： 台湾·台中	

　　进入空间，映入眼帘的是悬吊着的线条利落的展示柜体，为入口营造了视觉端景，同时保有玄关的通透性及客厅的隐蔽性，并将空间巧妙地划分开来。

　　客餐厅之间开放、流通，原木质感与暖黄的灯光相辅相成，为空间注入了温度，进而营造温暖、舒适的居家氛围。斜面内凹的大理石墙面，镶嵌几何形的层架与柜体，视觉的水平、垂直与体量的总和，交织出大气的空间视觉。

　　入口玄关处内凹的大理石墙面呼应着餐厅空间中的餐桌，立面层次与质感皆成为用餐区的视觉焦点。

深圳香山美墅样板房

设计机构：壹舍设计	项目面积：430 m²
主设计师：方磊	摄影师：罗文
项目地址：广东·深圳	主要材质：不锈钢镀古铜、橡木染色饰面等

　　本案位于与香港山水相连的"设计之都"深圳，设计师用新的手法来解构古典，风格上延续了简约的精神，"从当代生活出发，对生活方式及现代美学提升和发现，向设计先驱们致敬"是本案设计的主题，旨在打造人们心目中的当代居所。

　　功能布局试图营造出更多的空间可能性，一层开放式厨房的中岛台，成为餐厅与厨房的连接点，既延续了用餐功能，又加强了厨房和餐厅的交流，有效地将厨房与餐厅、客厅相连；二层的空间动线划分明确，以起居室为中心，两侧分别设计全套房卧室，主卧置入的观景阳台，让视野范围更加开敞；地下一层合理的功能区域以及精准的分区，让家庭生活的各种需求得到满足，更让家庭成员拥有各自独立的活动空间。

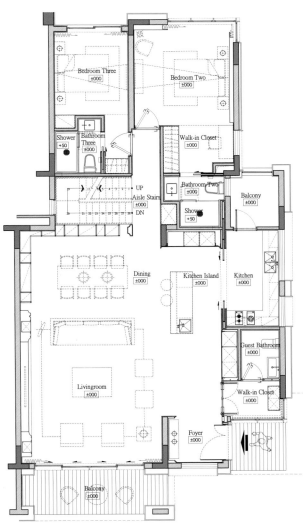

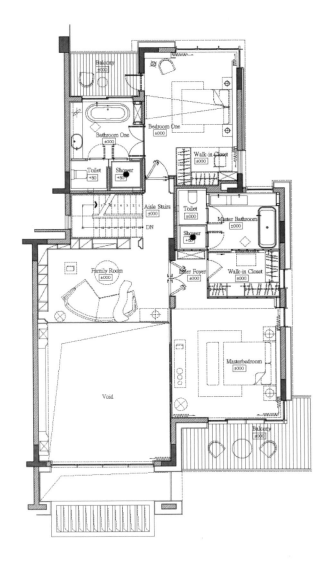

米兰小镇 空间层理的衍续

设计机构：近境制作设计有限公司	项目面积：303 m²
设 计 师：唐忠汉	摄 影 师：图起乘李国民摄影事务所
项目地址：台湾·新北	主要材质：木皮、铁件、石皮、石材

世界是个大舞台，所有男男女女都有自己扮演的角色，都在演绎着属于自己的人生。 　　——撷取自莎士比亚《皆大欢喜》

楼梯，用一种线性连贯，连接复层场域；透过线性，摇曳的光影在建筑物间相互穿越、流动。

客厅电视墙，量体区分，素材堆叠延续；简朴却人文。随时间流动，光影在空间中静谧而和谐。

茶室旧桩交错形成，通过结构强化空间体量：光线透过板材序列，平衡空间阴阳两式；长向功能延续，坐落在端景的是一片宁静，以坐卧高度，开阔山景视野；古朴、低调、禅意缭绕，随遇而安。

光墙、车库、空桥，穿越光墙，虚实转化；层层悬浮，举足轻重。空间讲的是场域转换，显、隐；木石交叠，以不同的形来呈现。

主卧更衣室、主浴，纵向延伸，衍生交汇空间；引光入室，曲直随形。如同白纸上点了一滴淡墨，延展而来。光室，回归人体与自然最为简洁的设计。

玄关造型柜，在量体之间，以相等关系划分，面的概念彼此错落，形成趣味的韵律，自成一道艺术。

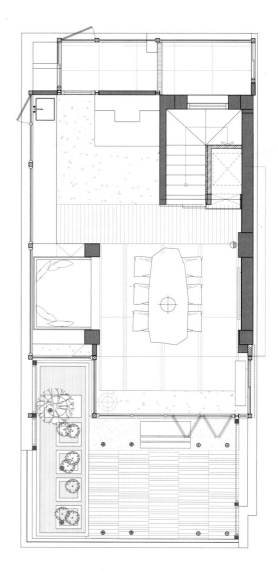

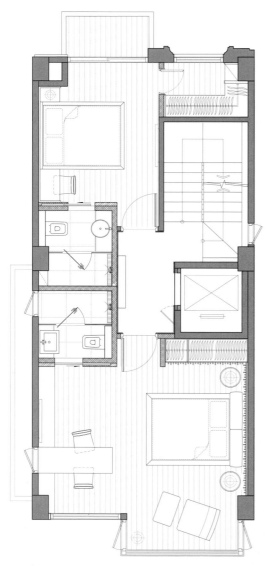

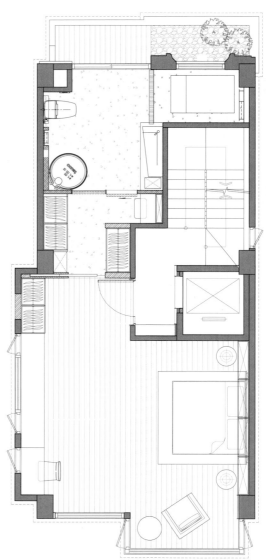

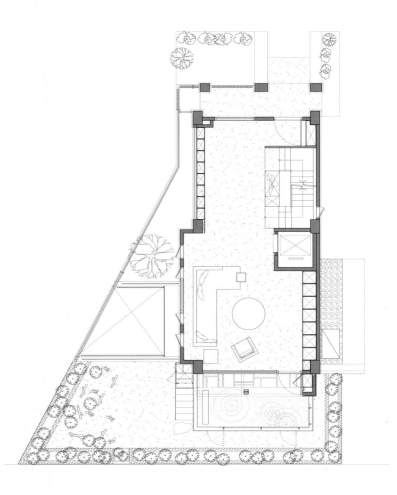

绿 · 波

设计机构：	格纶设计工程有限公司	项目面积：	198 m²
设 计 师：	虞国纶	主要材质：	铁件、玻璃、原木、石材
项目地址：	台湾·新北市		

共·生　阳光、空气、水，透过直接或抽象的意形转载，并结合居住者的行为经验，不断从内外环境的构成系统中去思索或感悟，从建造、定居、存在，反映对天地秩序的虔敬与感念，生活自然而然被转化为一种有机共生的仪式。

形·态　和其光、同其尘。破除界线、融化统合、涵构引申、回归自然的过程，旨在和谐追求尘世之外的平静与归属，植入与环境平淡共存的谦逊态度，感受自然在简单静默中的伟大。

拟·真　挹注绿意，回应阳光与空气的和谐律动，企图追求一种融合、共生、平衡的动态真性秩序，设计态度导引生活轴线的互动与交叠，清晰涵构、透视延展对人、对空间、对场所精神，回归内心的安定。

意·译　依水岸之傍，于粼粼波光间，享天光、拥绿意。将设计的语言转译为不拘泥的生活对话，在流动的空间映象里，天花层次漫延并转化演译成曲度的水纹肌理，抽象地解译自然而然的隐敛，在界面、在表情、在虚实、在光影中，静默不语……

华标品雅城一期别墅 A 型·摩登时代

设计机构：C&C 壹挚设计	主设计师：陈嘉君、邓丽司、贺岚
软装设计：C&C 卡络思琪	项目面积：370 m²
项目地址：广州·萝岗	摄影师：谢艺彬

本案的设计灵感来自融合地域性文化且吸收外来先进文化的东方海派风格。喜欢这类设计风格的人必定是拥有高生活品质的人，追求新异、浮华且璀璨的审美情趣。以高贵的宝蓝色为基调，运用玫瑰色营造金碧辉煌的奢华感，跳跃而不失优雅与风度，展现着如同戏剧一般的张力。棕色系的设计无疑是一种成熟而稳重的选择，但人的性格是多元化的。设计师在观察主人家的兴趣爱好与行为举止之后，为空间加入了复古的摩登色彩。随着光线强弱的改变，错落有致的色调使得整个空间层次更加丰富，展现出后现代生活的东方都市气息。

中西文化碰撞是现代设计的创作源泉，全盘西化的时尚和前卫、宫殿剧院般的奢华、绚丽，显然都不是我们想要的答案。设计师用对称的手法，渲染空间的恢宏、大气，张扬的西式装饰画和极具中国味手绘墙纸，呈现出中西文化的强烈对比。时尚的玫瑰金色和古典的黑檀木色共同作用下产生了剧烈的化学反应，那些深刻的色彩、华丽的彩绘图案，融合在一个空间里，没有一处跳脱，都在空间中作为显性的因素出现。同时，又以西洋象棋和中式的铁树作装饰，大气又不失时尚，且增添趣味性。以优质的材质和灵活巧妙的手法向人们诉说着现代海派奢华风。客厅的花纹和颜色十分丰富，不用过多的装饰元素但有足够的视觉效果来营造大气而典雅甚至奢华的生活，在古典与摩登间来回游走。负一层休憩区是整个屋子的精华，设计师根据主人对红酒和雪茄的喜爱设计了满足私人化需求的、最舒适的放松环境，喝着喜爱的红酒，看着自己珍爱的收藏品，让主人享受最好的生活体验。

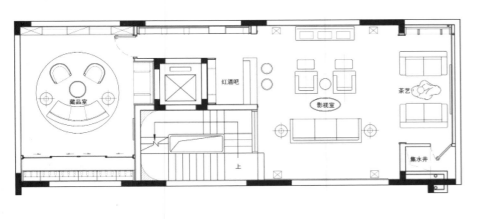

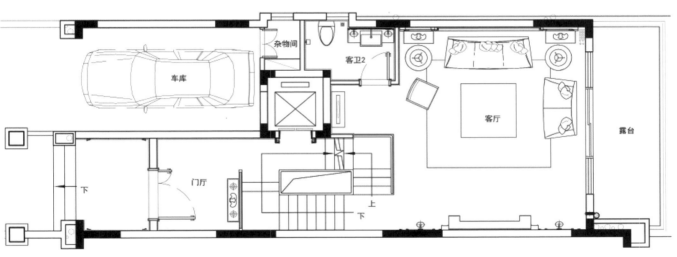

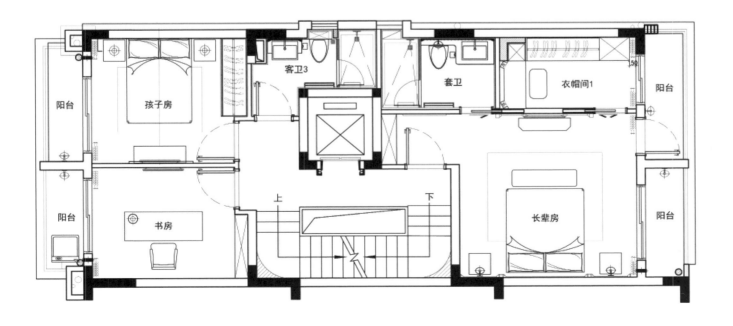

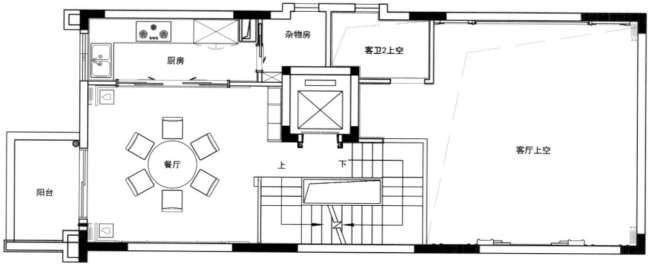

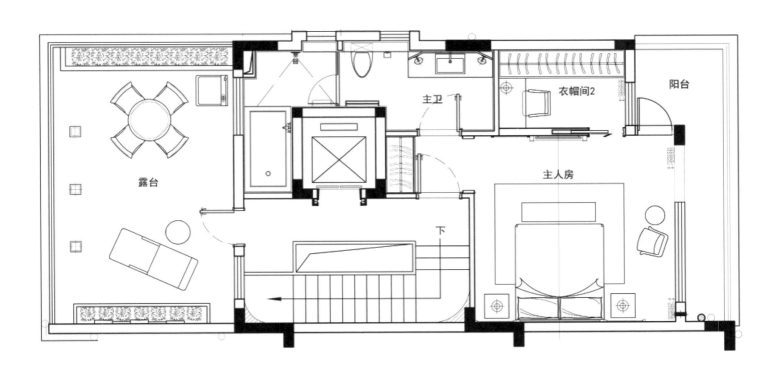

露台

主卫

衣帽间2

阳台

主人房

下

华标品雅城一期别墅 C 型·摩登东方

设计机构：C&C 壹挚设计	主设计师：陈嘉君、邓丽司、贺岚
软装设计：C&C 卡络思琪	项目面积：480 m²
项目地址：广州·萝岗	摄 影 师：谢艺彬

被古典文化浸润孕育成长的人都有点古典情怀，这慢慢演变成一种生活需要，把这种需要展现在家居上，足可以在最舒适的场所与自己的生活产生强烈的共鸣，增加内心的满足感。本案追求高雅、简洁却又低调的淡雅气质。这是一栋三层高的别墅，一、二层是起居室和餐厅，三层则设计为十分私密的空间，是主人家的卧室和主要活动空间。生活得精致通常是以舒适为基本的，然后是周到。设计师运用现代东方主义进行设计，以耐人寻味的卡其色作为主背景，一改往日繁琐、冗杂的修饰手法，用沉稳的笔触勾勒出温婉、典雅气质，糅合空间的色调，一切浑然天成。相近色系完美的跳跃搭配使得空间有着优雅的变化，随处都彰显着主人超脱的审美观和悠闲、淡然的气质。

首层的客厅主要运用灰色及卡其色，以一种悠久的东方文化作为基底，装饰以极具中式韵味的泼墨挂画，令其拥有持久感染力的气质。在几种颜色和材质的合并调和中，透射出古典东方情怀的优雅。餐厅位于夹层，刚好可以借来视野俯视客厅全景。而卧室的设计则以简洁、大气为主，沿袭整体空间的主色调——棕色，丝绸的运用让整个房间看起来明亮而富有格调，墙壁使用花纹和菱形元素的三层主人房空间较大，设计了多功能使用的空间，有书桌为主导的小型工作角落和用于休闲的小型起居空间，在这里可实现多种活动，方便且舒适。这里设两个露台，从卧室走出去的小型阳台，及从主卫走出去的豪华露台。主卫的设计已经脱离传统，出于生活需要的概念变成了一个享受生活的空间，加之露台的配合，设计如同行云流水。细微处流淌着极富变化的层次对比，却又过渡得悄无声息，透露着现代东方风格的沉稳与自信。

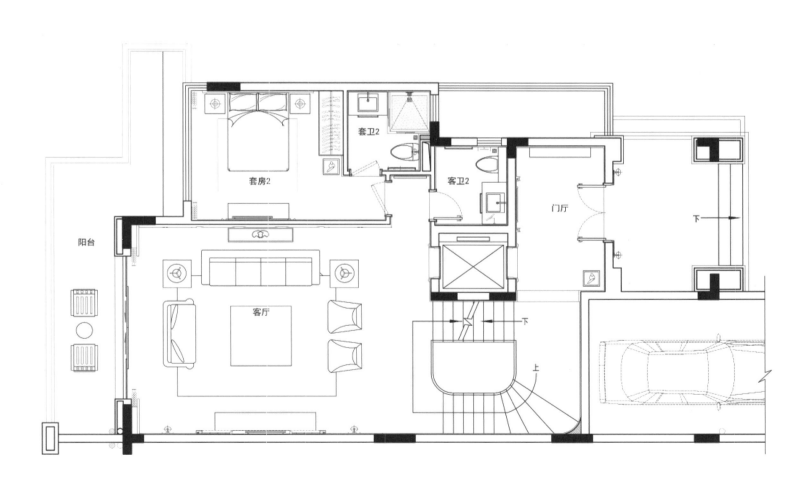

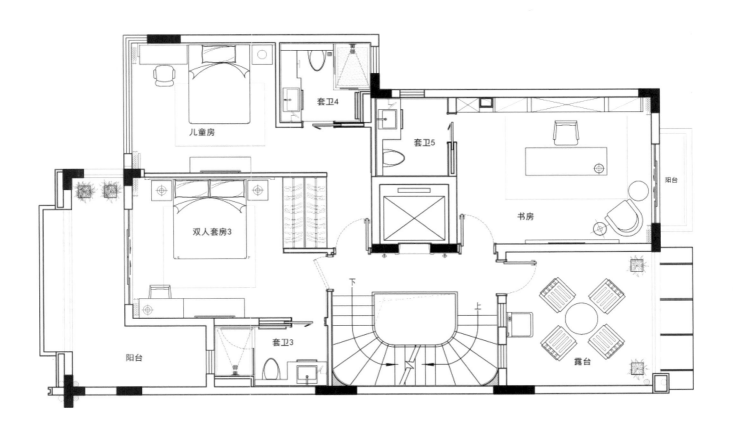

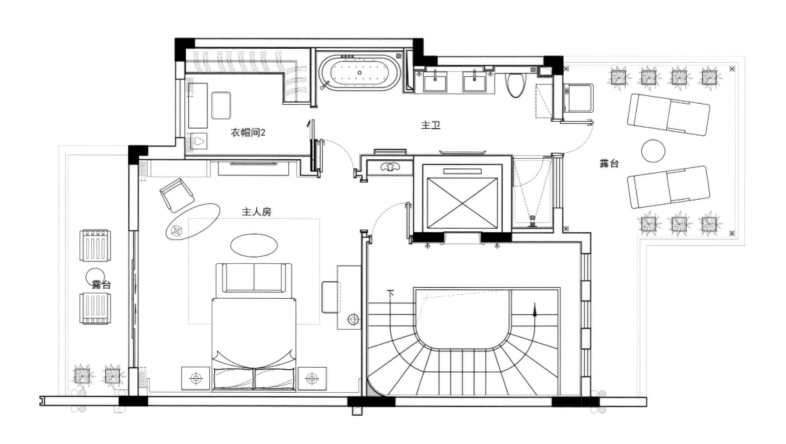

衣帽间2

主卫

露台

主人房

露台

保利中央公馆中轴楼王·都市骑士

设计机构：C&C 壹挚设计	主设计师：陈嘉君、邓丽司、贺岚
软装设计：C&C 卡络思琪	项目面积：280 m²
项目地址：广州·南海	

品位来自于生活阅历，设计师用阅历带来了一个隽永而高贵的品位之旅，为人们释放出对优雅生活的憧憬。灵感则来自于崇尚精湛手工艺的爱马仕（Hermès），继承其独特的贵族气质，以及对创造力恒古不变的热忱。

设计师挑选了贵族的代表色—灰色作为空间的底色，一如贵族人群向来冷静、自持的性格、安宁而略带保守的生活方式。在这一片素雅的色调中加入了明亮的橘色，如此独特的颜色令空间散发出精致的气质，在冷暖色调之间碰撞，用最简洁的线条，只保留最简单的色块，优雅、大方。

大理石与皮革、紫铜和水晶，不同材质的相互交替为空间带来了丰富的层次感，同时晶莹剔透的质感把空间衬托得更为高贵、华丽，为主人家的爱好（如藏酒和绘画）创造了极好的氛围。马术与醇酒的元素穿插在左右，彰显了独特的生活品位，令整个室内空间充满了人性化的品位，典雅且活力非凡。

深圳机场地产领航城·领秀
三期样板房 A1 户型

设计机构：深圳欧新炎装饰设计有限公司　　项目面积：165 m²

设 计 师：欧新炎　　　　　　　　　　　主要材质：水曲柳木饰面 星河白大理石 岩板等

项目地址：深圳·宝安机场开发区

　　为了提供一种自然、恬谈而又不失品质的生活空间，我们着重于空间的层次与互通关系，使客厅、餐厅与厨房三个不同空间融为一体，仅在吊顶上做出区分，空间通透的同时也能让人感受到明确的功能分区。用水曲柳木打造出简洁的造型，配以自然的大理石纹理和时尚的家具陈设，为自然、流畅的生活空间中注入了一股时尚的气息。

　　以温润的水曲柳木为主的空间，温暖而舒适的同时又隐藏着充足的收纳空间。再配以大面积的麻质暖灰调背景墙，整个空间散发着明亮、清爽的舒适感。

　　完美的空间结合，使房间宽敞而又大气，简洁明快的浅木色与现代简约的设计风格糅合在一起。最大化地将光线引入室内空间，使整个空间通透明亮，功能相互融合，营造出一个敞亮而富有情趣的卧室空间。

苏州昆山和风雅颂

设计机构：上海无相室内设计工程有限公司	项目地址：江苏·苏州
主设计师：王兵、徐洁芳	项目面积：300 m²
软装设计：李欣	摄 影 师：张静

　　本案从属于政府的留学归国人才奖励项目，其中包括一批从北欧归来的留学人士。因此空间从一开始就定为简约、自然、实用的北欧风格。地上二层，地下一层，设计师除了在色调、材质、装饰方面原味呈现出现代北欧风情之外，还从居住者的生活习惯出发，对动线安排、空间互动方面进行了独特规划。

　　项目建筑为现代中式风格，白墙院落、双开钉门、砖砌照壁等元素从传统中式建筑简化而来，住宅内部构造遵从现代生活所需，布局简洁明了。北欧的简约、自律精神，在某种程度上跟简练的中式风格有些相似。设计师精心挑选每一件器皿、花艺、装饰品，力求营造出原汁原味的北欧风情；地下活动室则设有茶室，引入天井庭院里的松、竹、枯山水砂石，东方意境与北欧简约交融共生，创造出一种全新的素雅意境。整个空间摈弃过多装饰色调，干净清雅，以纯白色、原木色及温和的灰蓝色、浅褐色为主，白墙、原木、创意灯具，恰到好处的留白与尺度营造出恬静宜人的生活场景。真正的品质往往隐藏在看不见的细节里，这里的沙发、茶几、餐桌、床等家具多数为量身定制，所用的实木原料在仓库里养了近一年，经过自然烘干以后做出来的家具极富质感，充分展现出木材固有的温情与优美。

　　憨态可掬的小木鸟或在圆桌上成群蹲守，或在树枝上独自停驻，带来一幕幕生动有趣的画面；墙上的驯鹿头像、主题油画，排列整齐的圆木，则将人不由自主地带入北欧原始、质朴的生活情境中，行走室内，仿佛时时有北欧的清风拂面而来。

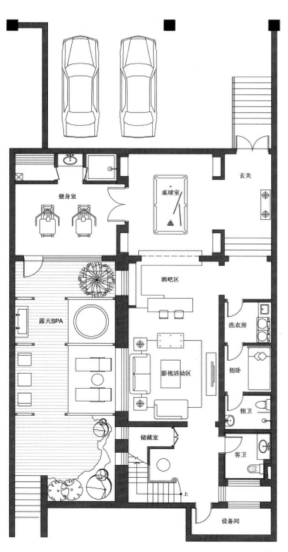

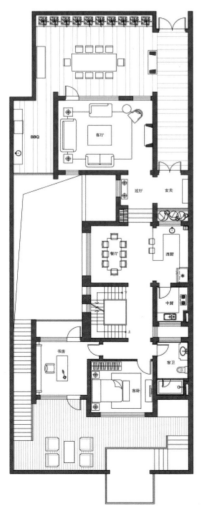

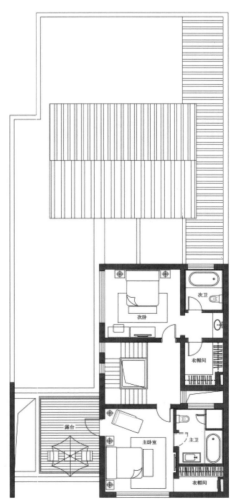

钛白 高雄——鼎峰 15F 余公馆

设计机构： 长景国际设计有限公司	项目面积： 149.5 m²
设 计 师： 吴冠谚	摄 影 师： AR-HER KUO
项目地址： 台湾·高雄	主要材质： 石材、铁件，玻璃、镀钛等

本项目设计师力求让空间适度留白，降低过多的线条设计，进而让居住者得以放慢脚步的恬静居所。

强烈、洗练的镀钛钢板，简约、大方的几何线条搭配明亮、轻盈的舒适色块，实验性地注入亮色的软装，试图跳脱出空间的基底色调，空间虽舒适、缓慢，却能从细节中寻得精彩的旋律，也彰显出居住者对生活的追求与品位。

引用窗外的绿荫山形线条，延展出室内的光影流动。让室内与户外的氛围，强化出空间延伸、放大的感受。

主臥室

更衣室

書房
+5

客廳

次臥A

次臥B
+5

餐廳

電器高櫃

高深櫃

玄關

+5

引景 高雄——鼎峰 16F 郑公馆

设计机构： 长景国际设计有限公司	项目面积： 149.5 m²
设 计 师： 吴冠谚	摄 影 师： AR-HER KUO
项目地点： 台湾·高雄	

引景入室，处之泰然。素材堆叠、延续，简朴却人文。

洗炼而简约的人文禅意空间，静观、雅致均在其中。

木桩、砌石交错形成，赋予形化空间体量的延续，穿越光墙，透过线性，延展空间。

以随遇而安的心境，伴随开阔的山景视野，将自身融入其中；绿荫山影、禅意缭绕。

悠然地进入陶然的境界，享受着独特、超然的恬静与惬意。

主臥室

書房

更衣室

次臥A

次臥B

玄關

南京复地御钟山二期706室样板房

设计机构：上海雅狮	项目地点：江苏·南京
设 计 师：陈桑	项目面积：240 m²
设计团队：汤佳、时光、Lee Anne Galano	主要材质：白玉兰大理石、色木饰面等

本案的受众定义以相对具有高端购买力的人群为主，故以奢华、闪耀为基础，同时融合了符合现代气息的英伦奢华风作为设计概念。硬装大量使用深色高光木饰面与香槟金不锈钢的结合，再搭配极具质感的墙纸、软包、布艺、镜面等材质，从而使得整体设计呈现出沉稳、硬朗中不失细腻、优雅，奢华、闪耀中不失气质、品位的特点。软装部分的家　选择以高雅、稳重为主，配以高贵、奢华的饰品摆设，完美诠释了该风格的深厚底蕴，体现了拥有者的深厚阅历与对高品质生活的追求。

客厅在空间上借用了二层挑空空间，层高优势完全打开了视野，两侧背景墙设计化繁为简，整面阿玛尼（Armani）背景软包从容、低调地诠释了主人的不凡品位。客厅的整体设计以灰调为主，再局部搭配金色饰品、灯具点缀，沉稳中再现一种爵士般的高贵气质。在餐厅、阁楼、藏酒间、迷你吧的设计中，大量运用清镜与香槟金不锈钢的工艺结合，从而增加了视觉延伸感和明亮度。再加上灯光点缀，闪耀夺目，弥补了此部分区域采光和空间的不足，使这些空间在满足收纳储藏的功能之外，更可延伸为主人的兴趣爱好及收藏之所。藏酒间内部还利用了不规则空间给主人预留了贵重物品收藏室，贴心而富有创意的设计必将给业主带来耳目一新的感受。

主卧背景墙以简约的大块软包面结合黑金木饰面框套，简洁、典雅又不失温馨感。床侧的置物柜除了划分空间功能之外，造型上亦巧妙地采用双面展示设计，细节处的独特之处与装饰的完美结合进一步加强了贵族般的时尚、奢华的品质。

天茂湖观湖别墅样板房

设计机构： 上海迅美装饰设计有限公司　　　　项目面积： 500 m²

设 计 师： 赵辉

项目地址： 吉林·长春

　　本案为观湖独栋别墅，以"清澈的湖水"为设计主题，建立一个不受外界影响、舒适的一层会客空间。独特的地理位置加上客、餐厅的呼应，无论在阳光下、黄昏或夜晚，都能散发出迷人的光线。 功能上集生活居住、休闲、会客为一体。

　　开放式的西式餐厅及厨房，与客厅流线贯通，空间开阔，体现主人的国外生活经历，传承西方新颖的用餐礼仪，让生活富有情调。会客厅是本案的一个亮点，兼具功能和氛围营造，细分了主人对接待功能的高要求，而且家具的布置上也点明主题，清澈的湖水含义深厚，通过地毯的晕染效果，给来访的客人以唯美的视觉享受。主卧运用相对比较明亮的流行色进行设计，加入少量暖黄的跳跃色彩，以及金色的饰品点缀将空间变得更加活跃，极富生活气息。衣帽间在空间与视觉上进行合理的搭配，衣服与配饰摆放错落有致。书房设计与主卧相映成趣，基调沉稳安静，书桌上的陈设是主人的日常生活的写照，增加了艺术氛围的感染力，皮质的书桌配上柔软的布艺沙发，仿铜不锈钢的收边精致而干练，浪漫又不失高雅，彰显出精致而时尚的品位。

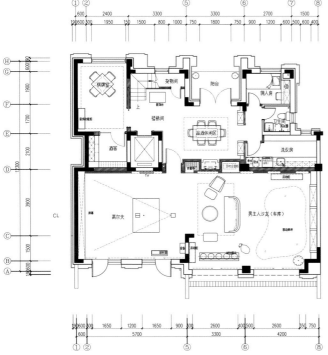

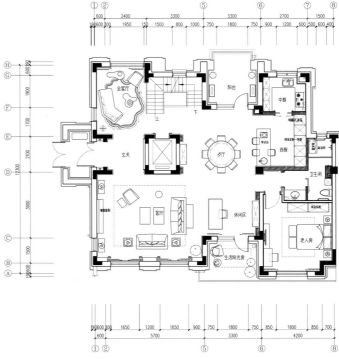

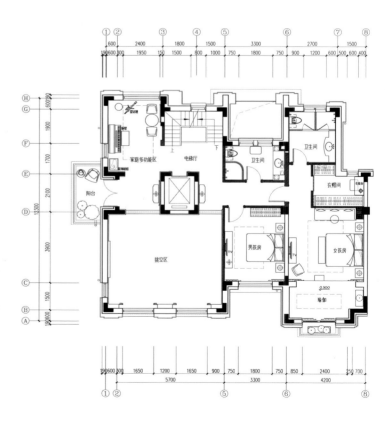

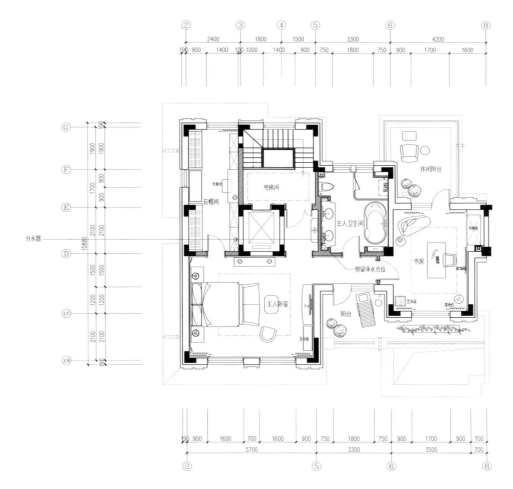

东方 简约 时尚 雅奢

Oriental Brief Fashion Luxurious

东情雅奢

保利天悦曦园

设计机构：邱德光设计事务所		项目地址：广州·海珠	
设 计 师：邱德光		项目面积：760 m²	
设计团队：刘家麟、陈惠君、廖 晶、古亚立		主要材质：烤漆面板、镀钛板、黑檀木皮等	

　　保利天悦曦园由著名设计师邱德光倾力打造。摒弃了以多、大、奢吸引购房者眼球的传统设计手法，将自然的装饰元素与当代设计相结合，另辟蹊径，开创了新装饰主义的美学概念，在低调与奢华之间，打造了现代都会高层建筑的住宅典范。

　　本案大量采用了浅色系，加之大面积的窗景，让空间明亮度得以提升的同时，也彰显了设计的本质：人为地创造一个更为合理的生存空间。客厅是主人招待来宾的场所，也是展现其品位的主要空间，因此除了在功能上要符合生活所需，设计师在家居布局上也搭配出一种丰富的语言。这里没有用繁复的元素填充空间，也并不以浓重的色彩刺激感官，而是用素雅的装饰演绎出现代居室的独特品位。将书房与客厅融合在一起是近年住宅设计的一个重要趋势。在样板间的空间架构中，设计师仅以一扇推拉门将两者隔断，既保留了私人空间的独立性，也扩大了公共空间的视野。餐厅是分享美食、与家人情感交流的重要场所，而开放的西式厨房最能促进餐饮时的互动。想象热爱料理的家人一边做菜一边品饮红酒，不时还能对餐桌上的话题响应几句，那情景多么愉悦欢快。

　　所谓居室，是指一个只属于自己的私人空间，是永远被日光照得通明的人生舞台的一个暗区。在这儿，可以取下或许从来就不曾喜欢的角色面具，舒展疲惫的灵魂和身躯。更令人激动的是，能随心所欲的创造一个只为自己喝彩的美妙乐团。

金地绍兴迪荡 兰悦别墅

设计机构： 上海益善堂装饰设计有限公司		项目面积： 553 m²
设 计 师： 硬装 - 李丝莲、软装 - 宋莹		主要材质： 拉提木、青石板砖、米黄洞石
项目地址： 浙江·绍兴		

　　悦运河大院依水而立，客人需沿着花园石子小径绕过建筑外围来到主入口。其整体布局于对称中表达丰富内涵。入口的六级台阶寓意为步步高升，六六大顺。从玄关进入后，首先映入眼帘的是一个极富诗意的摆台，旁边贴心地设置了多功能玄关柜，柜门也选择了本次设计的主要元素—镂空花格。不仅美观，而且实用。踱步通过走道，左手边的便是挑空的餐厅，除了有一整面的落地窗外，抬头还能看到悬空的透明鱼缸里的金鱼，寓意活水为财，更是年年有"鱼"。鱼缸经由阳光的折射，如同一泓池水，花格和饰物的倒影若隐若现。餐厅的挑空区域显得生机勃勃，衍生出一种宁静、超然的意境，这一设计既增加了整个空间的趣味性，又增加了生态平衡，打破一般室内死气沉沉的格调。继续向前便是客厅区域，正面的主背景也是以"活水为财"的概念来设计的。为了不显枯燥，用米黄洞石搭出了假山的意境，配上流水，让人即使在家也能依稀感受到绍兴的山与水。客厅的沙发背景是用当地特有的花雕酒写成的兰亭序，顶上的苏式手工刺绣搭配灯光相辅相成，整个客厅的人文精神、艺术氛围油然而生。二层为卧室套间，配有三个套间，男孩房阳光但又不失稳重，女孩房柔软却又不失优雅，主卧套间通过木饰面与石材的运用让人居在室内却感觉像身处室外，冰冷的建筑与温暖的大自然得到最融合的展现，主卧套间室外露台的部分没有设顶，为的就是让人与自然最大程度上获得自由接触。设计师用石材堆砌了一个浴池 SPA 区域，在享受热水浴的同时，与自然之水之景融合，内心得到宁静、平和，释放积压在内心的压力。

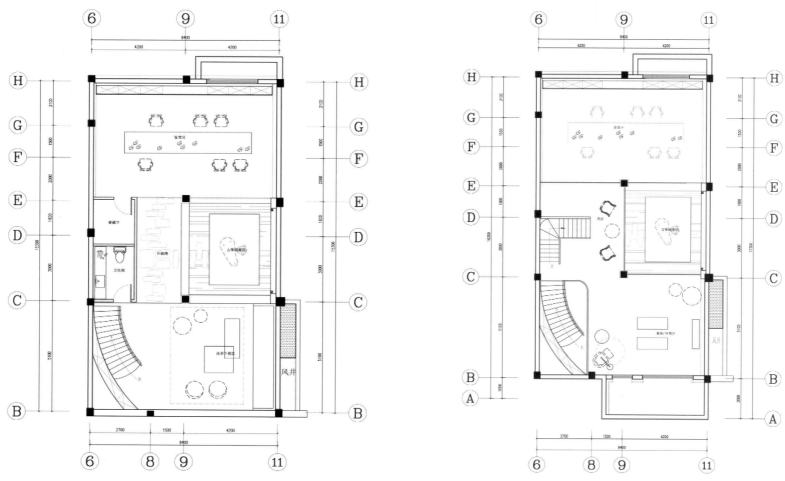

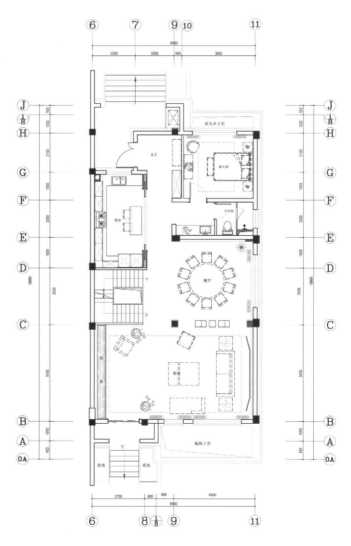

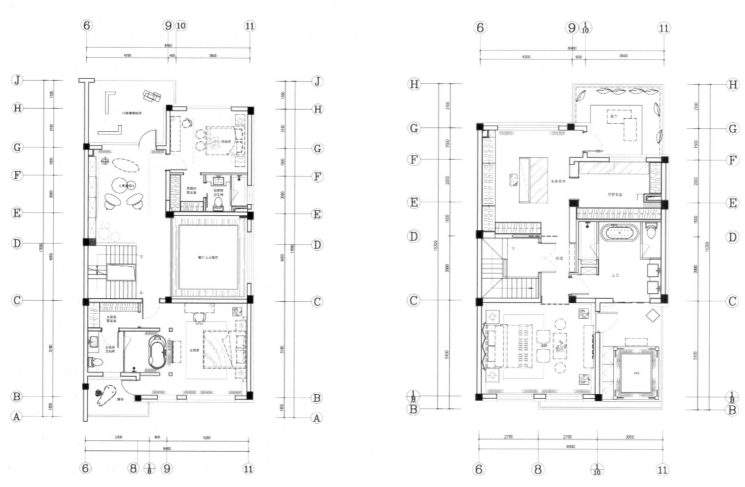

林隐——紫悦府 D 户型别墅

设计机构： 深圳市昊泽空间设计有限公司	项目面积： 560 m²
设 计 师： 韩松、姚启盛	竣工时间： 2015 年 01 月
项目地址： 河南·洛阳	主要材质： 尼斯木饰面、米黄石材、柚木等

生活可不可以像画一样留白？画的留白可以让视线和思维延伸到无限远。
家的留白是不是可以让身体和精神得到无限的自由舒展？我们把一个个封闭的空间打开，将室内外的界限模糊，让空间流动起来。
身体的自由穿行，也许能带来思想上随性放逐吧。

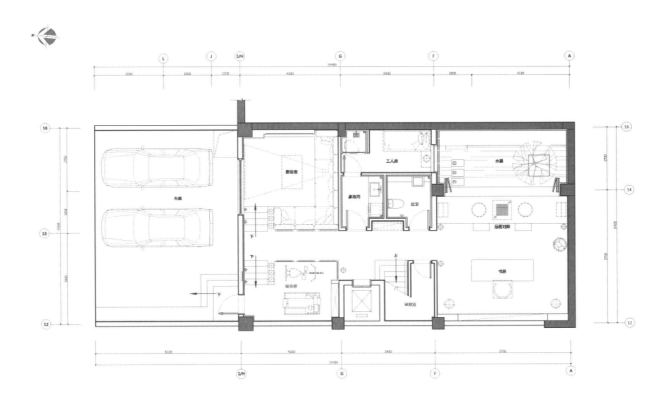

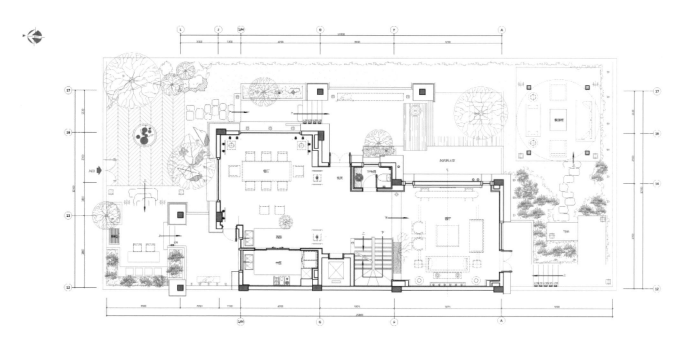

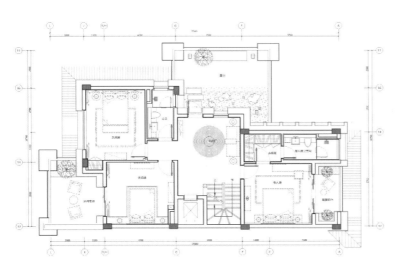

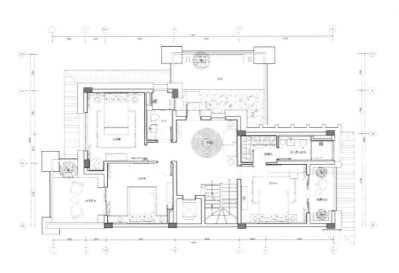

杭州丽景山别墅

设计机构：深圳市帝凯室内设计有限公司	项目地址：浙江·杭州
设 计 师：徐树仁	项目面积：500 m²
设计团队：庄祥高、李进念	主要材质：灰影木饰面、大理石、皮革刺绣等

　　人们开始摒弃繁复、豪华的装修，力求拥有自然、简约的居室空间。简约中式风格摆脱了传统中式的繁琐，少了中式的沉闷，多了温馨感和现代感。本案设计手法简洁，空间配色轻松、自然，又能在简单的中式元素运用中体现出中国传统文化的魅力。简单的木色，精致的线条勾勒，大面积的白，沉稳、大方，不奢华又不失品位……

中建锦绣珑湾样板房

设计机构：李益中空间设计有限公司　　　　项目地址：江苏·泰州

室内设计：李益中、范宜华、段周尧　　　　项目面积：134 m²

陈设设计：熊灿、王雨欣　　　　　　　　　主要材质：爵士白大理石、墙纸、扪布等

中建锦绣珑湾样板房位于江苏省泰州市高港区蔡圩中沟北侧。西侧紧邻生态绿地，环境较好；东侧和南侧集中了区域的主要生活和商业配套；东侧紧邻泰州大道，与市区的联系较为便利；北侧为金港商业广场。

项目位于泰州城市发展区域高港区的主轴上，高港区距离海陵区 18 ｋｍ，是典型的以产业为核心引擎带动城市化进程的区域，规划未来将建成苏中地区极具发展活力、极具竞争力和创新潜力的高新区。

项目格局方正通透，房子细节的做工犹如钻石切割般的精细、自然，大大小小的功能区间有序合理地布局，带给人们耳目一新的舒适居家幸福体验。本项目风格围绕"时尚轻东方"，结合"现代设计"及"东方精神"。设计师运用干练利落的色调，搭配极简的黑钢线条，体现出一种现代都市的时尚感，同时勾勒出一丝东方蕴味的闲适生活。以红、棕、米灰三种素雅而宁静的颜色为主调，融入书法雕刻、多类型国画、木棉花、陶瓷及温暖的木饰面等装饰性元素来达到和谐统一，撷取精神内涵，改造线条，使其融会于空间之中，铺陈全新的东方风格。设计师用现代的设计手法，提炼中式的禅意印象，轻描淡写着宁静高雅，在清新素雅的格调里给心灵腾出一块净土，使人栖息在纯美的艺术中，呈现出朴实优雅的居住氛围。

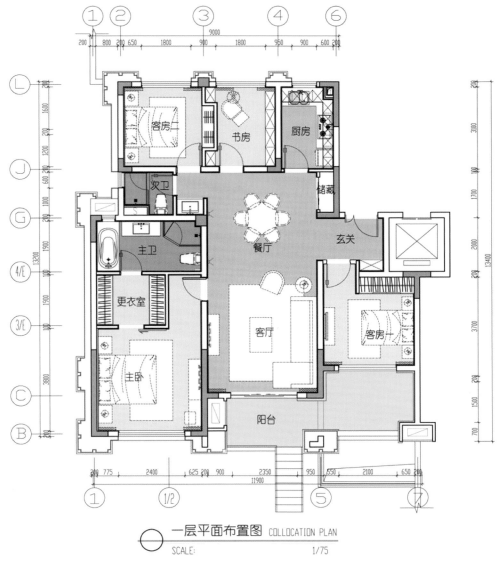

一层平面布置图 COLLOCATION PLAN

SCALE: 1/75

路劲集团（常州）X1户型样板房

设计机构： 矩阵纵横	项目面积： 285 m²
主设计师： 王冠、刘建辉、于鹏杰	主要材质： 灰木纹大理石、灰橡木、木地板等
设计团队： 吴比、周晓云	

　　空间设计中元素符号的运用为整个空间增添了一丝东方美学的气息，配以一丝不苟的艺术品、柔和的灯光效果和丝绸、棉麻的针织布艺，充分凸显了设计师对装饰艺术风格及典雅居住环境的不懈追求。

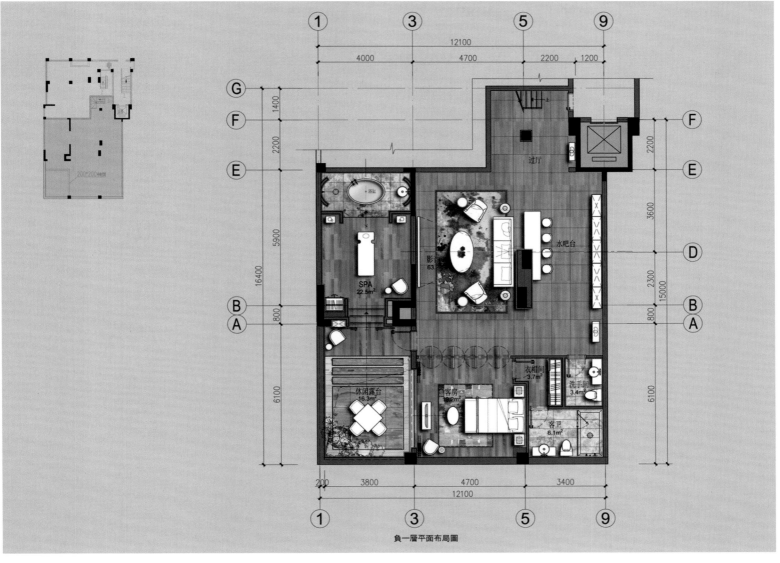

過廳

水吧台

影
63

SPA
22.5m²

休閑露台
16.3m²

客房
13.2m²

衣帽間
3.7m²

洗手間
3.4m²

客卫
6.1m²

負一層平面布局圖

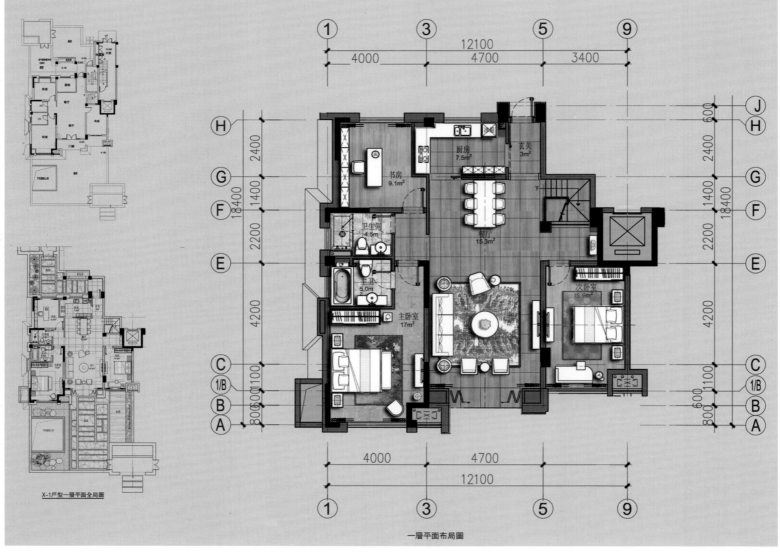

X-1戶型一層平面全局圖

一層平面布局圖

御园别墅区 B2 户型样板房

设计机构：协盛装饰企业 李云山设计事务所	项目面积：800 m²
设 计 师：李云山	摄 影 师：周跃东
项目地址：福建·福清	

　　本案是坐落于福清市石竹山景区附近的御园别墅区的一套别墅样板房，设计师以中西结合的酒店式风格来进行整体设计，注重细节，体现低调、奢华，与建筑外观、花园景观遥相呼应，营造出舒适、宜居的休闲别墅式生活氛围。

西韵极妍代摩登

欧美 流行 时尚 奢华

Euro-American Popular Fashion Luxurious

巩义朗曼新城美式样板间

设计机构： 河南希雅卫城装饰设计工程有限公司	项目面积： 430 m²
设 计 师： 于起帆	摄 影 师： 姗姗
项目地址： 郑州·巩义	主要材质： 大理石、壁纸、橡木等

　　设计服务于人的生活，本案表达的是一种惬意的生活方式，因此设计可以从小的细枝末节来体现对人的关怀。空间的舒适性、便捷度、环保性、节能性等方面均能体现"以人为本"的设计理念。客厅与餐厅的空间错层连通，功能分区清晰、明了，不仅便于生活互动，并丰富了空间层次。装饰与陈设搭配和谐，使空间显得绅士而沉稳。富含异域风情的负一层兼顾了影视厅及酒吧休闲空间，大面积的复古木装饰让空间温暖而尊贵，幽雅、舒适的灯光和赏心悦目的家具陈设给户主及客人预留了一处极具会所氛围的惬意场所。卧室根据建筑的结构设计了别致的空间效果，而木楼梯的设计与白色顶面对比鲜明，使空间有种环绕动感的韵律美感。无论从生活上还是审美上，力求达到从人的角度诠释家的概念！

　　设计风格上虽然同属西式风格，但这种美式区别于古典亦或是新古典欧式的高奢与约束，它既有欧洲的奢贵之气，又结合了美洲大陆的自由和随性，在保留某种文化根基的基础上，却又不失新的怀旧、达贵、悠闲和自在的情调。主调的深木色表达了空间沉稳、典雅的气质，软装及陈设精致而协调，是在尊重古典结构的基础上赋予现代生活的意蕴情怀。意欲表达主人对生活品质的自在不羁的追求和一种别样的休闲式的浪漫情调。

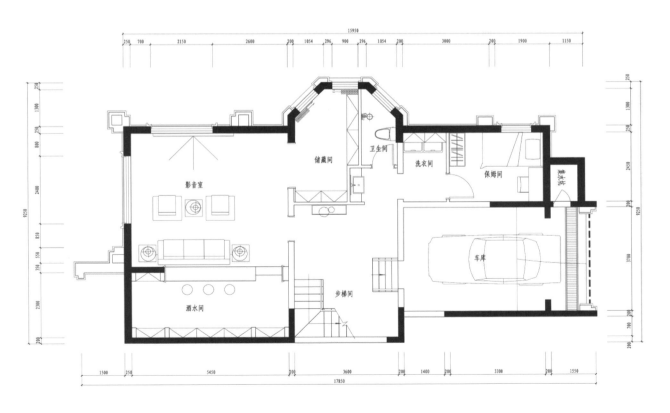

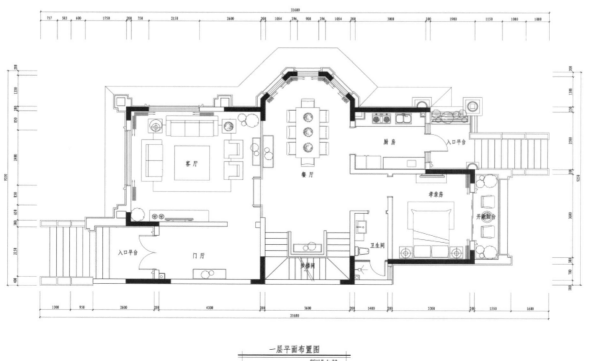

一层平面布置图
SCALE 1: 70

二层平面布置图
SCALE 1:60

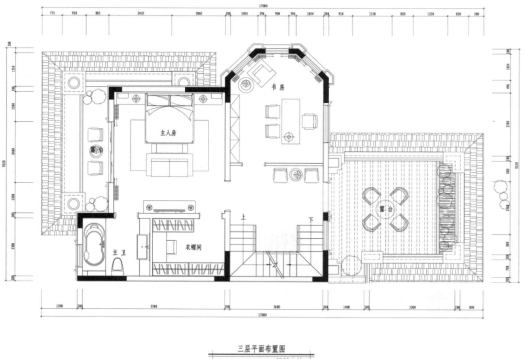

三层平面布置图
SCALE 1:60

星联湾新中式样板间

设计机构：	河南希雅卫城装饰设计工程有限公司	项目面积：	410 m²
设 计 师：	于起帆	摄 影 师：	姗姗
项目地址：	河南·郑州	主要材质：	大理石、壁纸、黑檀木饰面等

　　本案总面积为410m²，分上下四层，设计师整体展现的是一种清新、明丽，春意盎然的秀美空间。风格上结合中国传统文化，古为今用，塑造出既体现中式文化之美，又符合现代人生活起居的温暖、舒适的人居环境。

　　客厅是家中重要的公共区域，挑高空间给人以豁然开朗的视觉感受。设计师以竖向分割呈现了空间的恢宏气度。迎面主形象墙是一幅"竹外桃花三两枝，春江水暖鸭先知"的秀美画面，中间的白色大理石是一幅天然涌动、碧波粼粼的春江图：月白的底色，青丝的白描图案和谐而柔美，使人有种"水光潋滟晴方好，山色空蒙雨亦奇"的无限遐想，也蕴含一种春日的勃勃生机。

　　空间造型主要以直线勾勒，简洁、干练，色彩以浅暖对比，清淡、静雅。中间与两侧画面一动、一静相映成趣，构成一幅明丽闲适的春色图，有种"青风拂绿柳，白水映红桃，舟行碧波上，人在画中游"的意境之美，也回归"和美居家"的美好寓意。

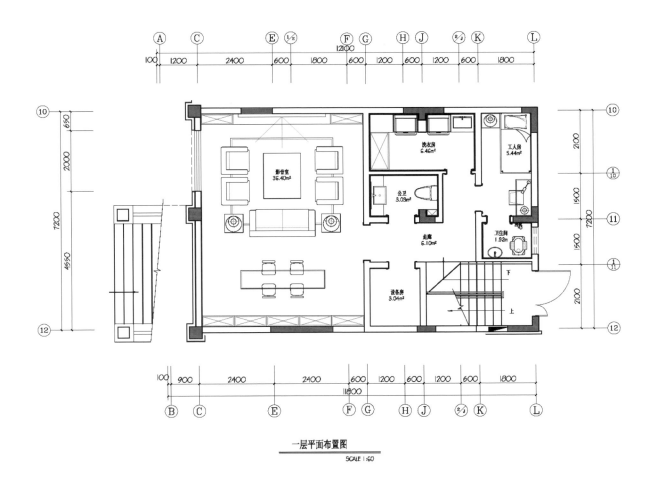

一层平面布置图

SCALE 1:60

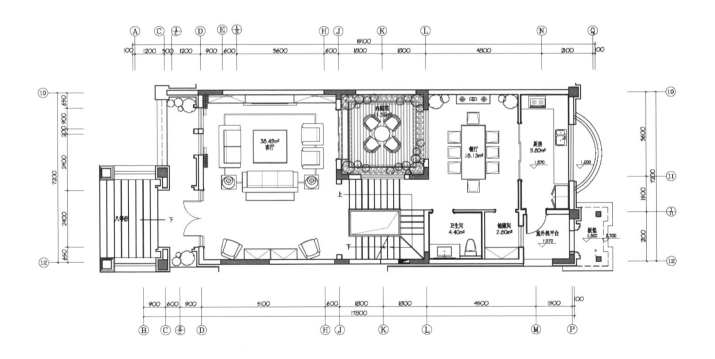

二层平面布置图

SCALE 1:80

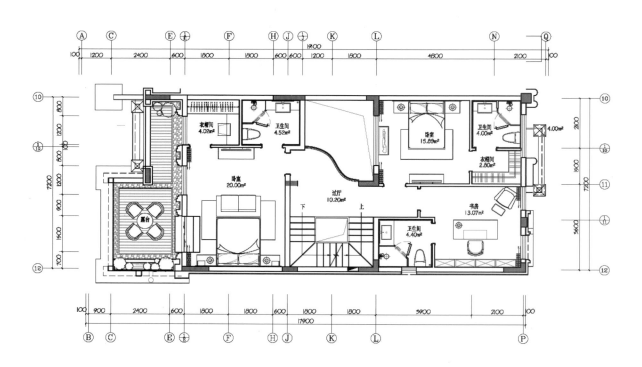

三层平面布置图

SCALE 1:80

瑾公馆

设计机构：微视国际设计事务所	项目面积：880 m²
设 计 师：徐鹏程	
项目地址：湖南·长沙	

　　每一天，想被晨曦的柔光叫醒，张开眼，便是一种享受；想在冬季的森林里成为精灵，想伴着一簇簇生机，在通往外面世界的窗前忆起曾经……

　　世界再大，不过一个家。

　　家，是身体与心灵双重归属；家，静谧，舒适；家，是瑾公馆。

　　在这里你不会错过早晨活力的晨阳，美丽的余辉夕阳。透过明亮的窗户，看到湛蓝的天，阳光里的温馨，这是瑾公馆的物语。

　　每一座公馆，都是一部活色生香的历史，和一个时代的精神代表。尽管历史的脚步渐行渐远，但它承载着的是曾经的荣耀与辉煌，始终是社会精英人士所追求的至高无上的生活形态的深厚情节所在。

　　瑾公馆不只是居住场所，更被赋予了独特的人文情怀和精神内涵。传承公馆文化，回归人文精神。

　　它呈现的不仅只是形式，而且蕴含着浓郁欧式风情的高品位生活元素。

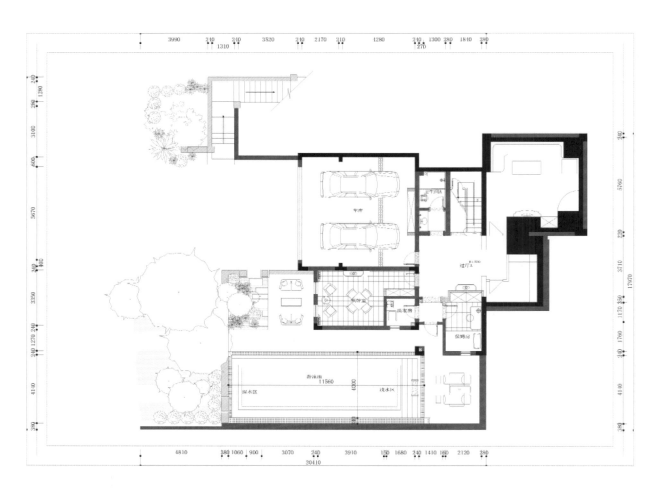

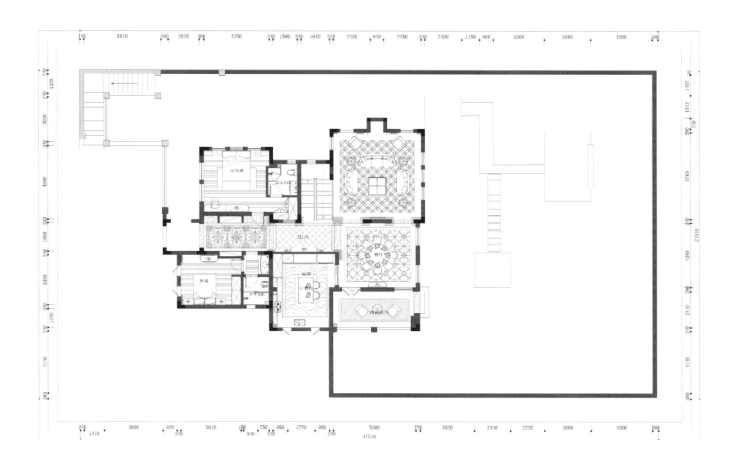

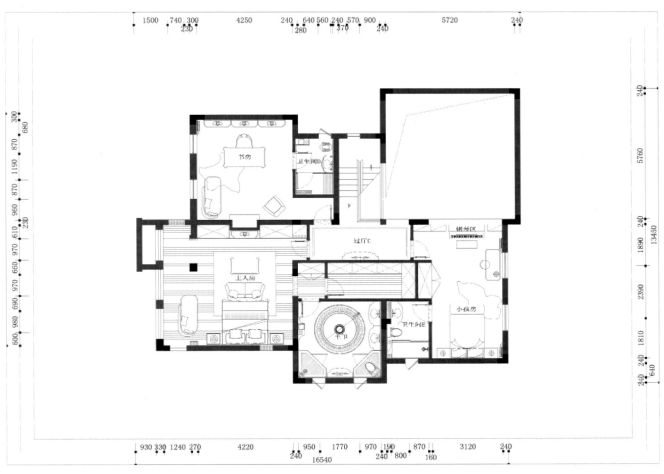

225

上海绿城盛世滨江顶复

设计机构： 上海益善堂装饰设计有限公司	项目面积： 400 m²
设 计 师： 硬装 - 汤玉柱、软装 - 宋莹	主要材质： 奥特曼米黄石材、黑檀木地板等
项目地址： 上海	

  本案整体风格以米灰色调的雅致、素净，作为体验的基调。没有过多的装饰，简洁、有力，同时却处处散发着柔美与优雅。这就是本案设计最大的特色。利落的线条勾勒出空间的构架，简单而大气，把唯美与精致、自然与恬静、优雅与儒韵演绎得淋漓尽致。指尖触及的每一个角落都能感受到居者的文化、贵气、自在与情调的内涵。

  设计师设计了一间充满暖阳与静思的房子，全屋皆是知性、从容的调性。在这里，清晨第一缕暖阳将沉睡的人们唤醒。睁开惺忪的睡眼，在阳光里轻轻柔柔，迎接一天的起始。生活或许是一首诗，温馨、典雅；或许是一幅画，遐想千万。这里，生活是一种包容、含蓄的姿态；是精致、典雅的代名词。

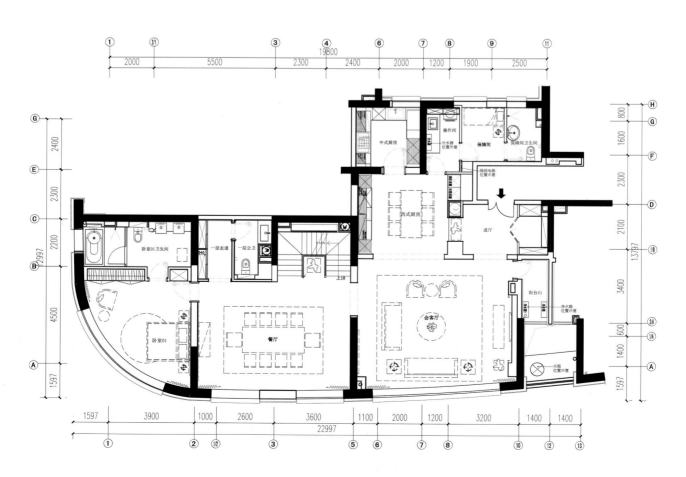

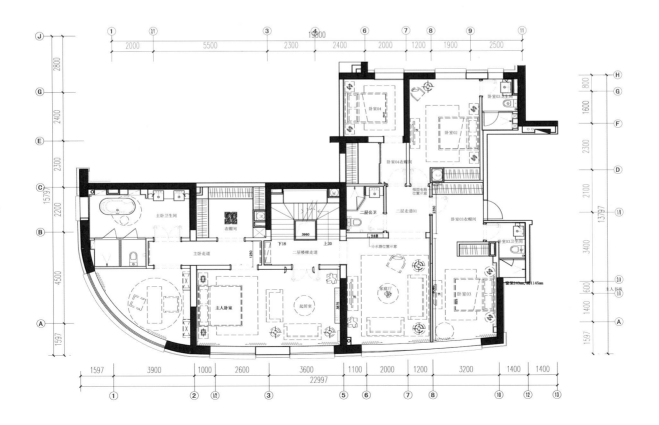

英伦骑士心——紫悦府 B 户型别墅

设计机构： 深圳市昊泽空间设计有限公司	项目面积： 600 m²
设 计 师： 韩松	主要材质： 木饰面、大理石、石材马赛克等
项目地址： 河南·洛阳	

这个世界如果没有理想，人生还有什么意义，我们整天抱怨满目的物欲横流，却也心安理得地沦陷其中。总是梦想着别人是否会蹦出来成为那个可以粉身碎骨的英雄，却从来没想过自己是不是可以成为任性一把的堂吉诃德。

我心中持续向往的骑士精神，优雅而粗犷，谦虚、温和又孤傲、勇敢；外表理性、严谨，逻辑清晰；内心狂野不羁，为了理想和原则可以放下我执和贪念……

我们今日缺失的，将来迟早要补上。

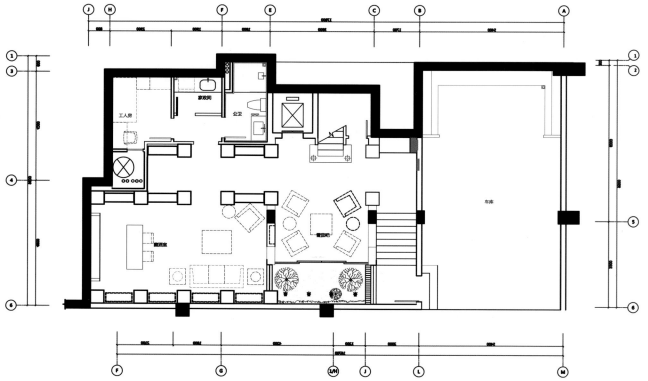

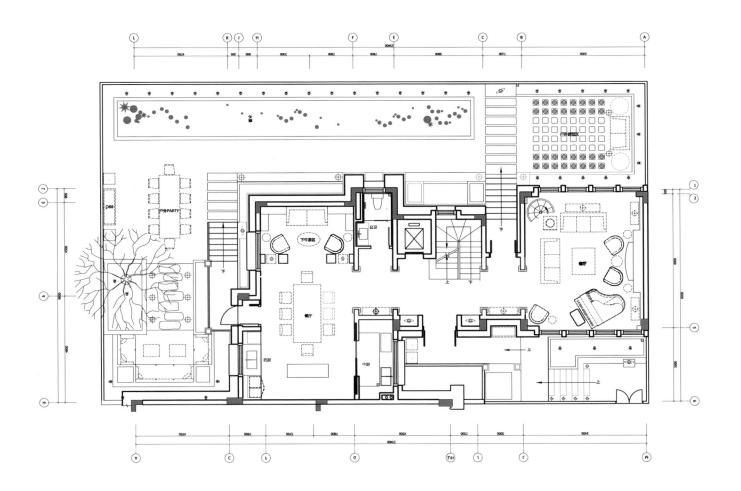

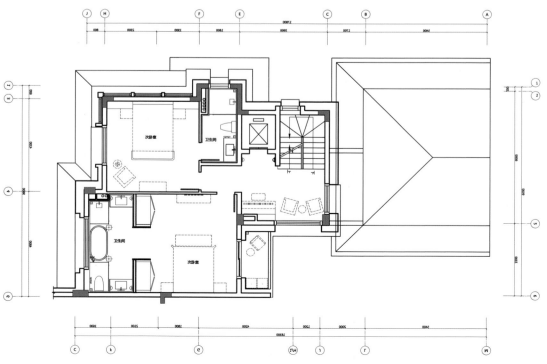

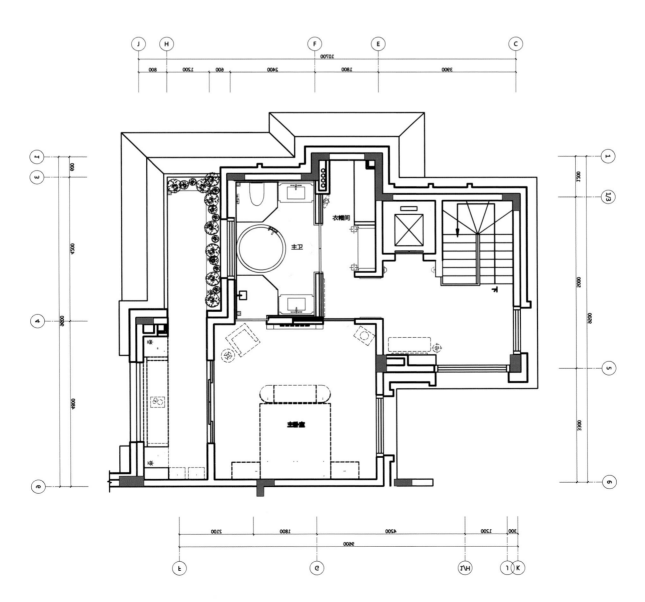

金地广州荔湖城别墅

设计机构： Studio HBA | 赫室　　　　　项目面积： 265 ㎡

设 计 师： 李鹰及设计团队　　　　　摄 影 师： 孙翔宇

项目地址： 广东·广州

　　该别墅定位为美式风格，摒弃了过多的繁琐和奢华，并将不同风格中的优秀元素汇集、融合，以舒适功能为导向，强调"回归自然"，使该别墅变得更加轻松、舒适。美式风格突出了生活的舒适和自由，不论是稳重的家具，还是带有岁月沧桑的配饰，都在告诉人们这一点。特别是在墙面色彩选择上，自然、怀旧、散发着浓郁泥土芬芳的色彩是美式风格的典型特征。色彩以自然色调为主，绿色、土褐色最为常见；壁纸多为纯纸浆质地；家具颜色多用仿旧漆，式样浑厚。

　　设计师以舒适功能为导向，赋予该别墅兼具古典的造型与现代的线条、人体工学与装饰艺术的家具风格，充分显现出自然、质朴的特性。在室内环境中力求表现悠闲、舒畅、自然的田园生活情趣，巧妙设置室内绿化，创造自然、简朴、高雅的氛围。它在古典中带有一点随性，摒弃了过多的繁琐与奢华。

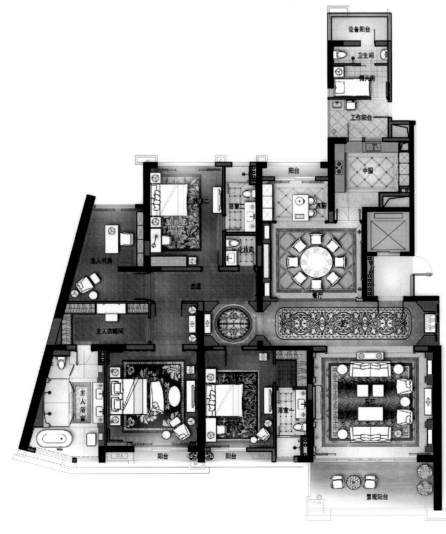

金地·中央世家　260 户型

设计机构：北京意地筑作装饰设计有限公司　　　项目面积：820 m²

设 计 师：连志明、张伟、徐辉

项目地址：北京

　　客厅内繁复的地毯与墙纸，被纯净的白色立面分割开，从而避免了过度的装饰带给人们不安的感受。舒缓的白色，也将空间形态更加完整、清晰地描绘出来。而深色的铁艺和线角，则与之形成强烈的对比，并且让环境变得更加明亮和醒目——相对于古典巴洛克风格浮雕与繁杂装饰带来的浓郁与阴沉，新古典主义显得更加柔和、舒适。

　　即使不去仔细辨别，我们也可以看到，当代法式风格对于色彩和明暗的处理，也有着独特的印记。受益于 19 世纪法国印象主义对色彩理论的推进，法式风格中空间的色调更加倾向于明快的色相对比，从而营造出甜美的风情。与同样在 19 世纪诞生的美式风格不同，法式设计并不依赖于厚重的色调与皮革、高档木材等稳定质感所产生的奢靡效果，相反大量运用羊毛、真丝等更为精巧的材质来呈现对富足生活的描绘。这与法国人一直以来所标榜的生活美学息息相关。

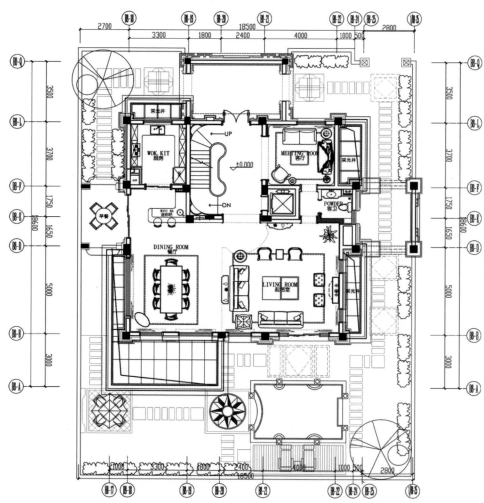

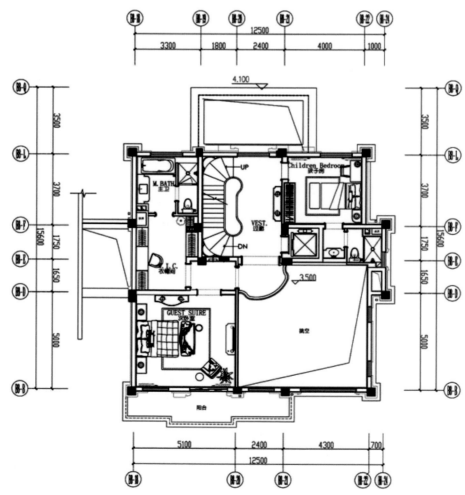

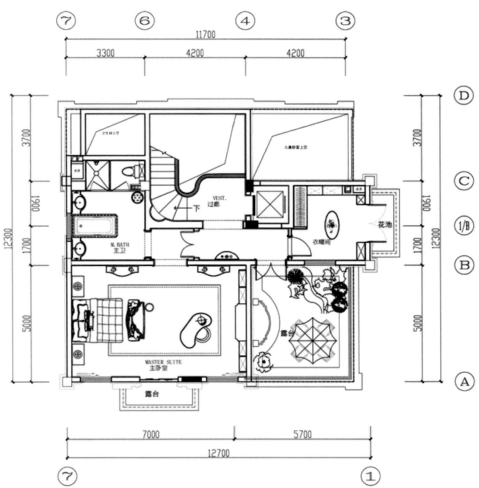

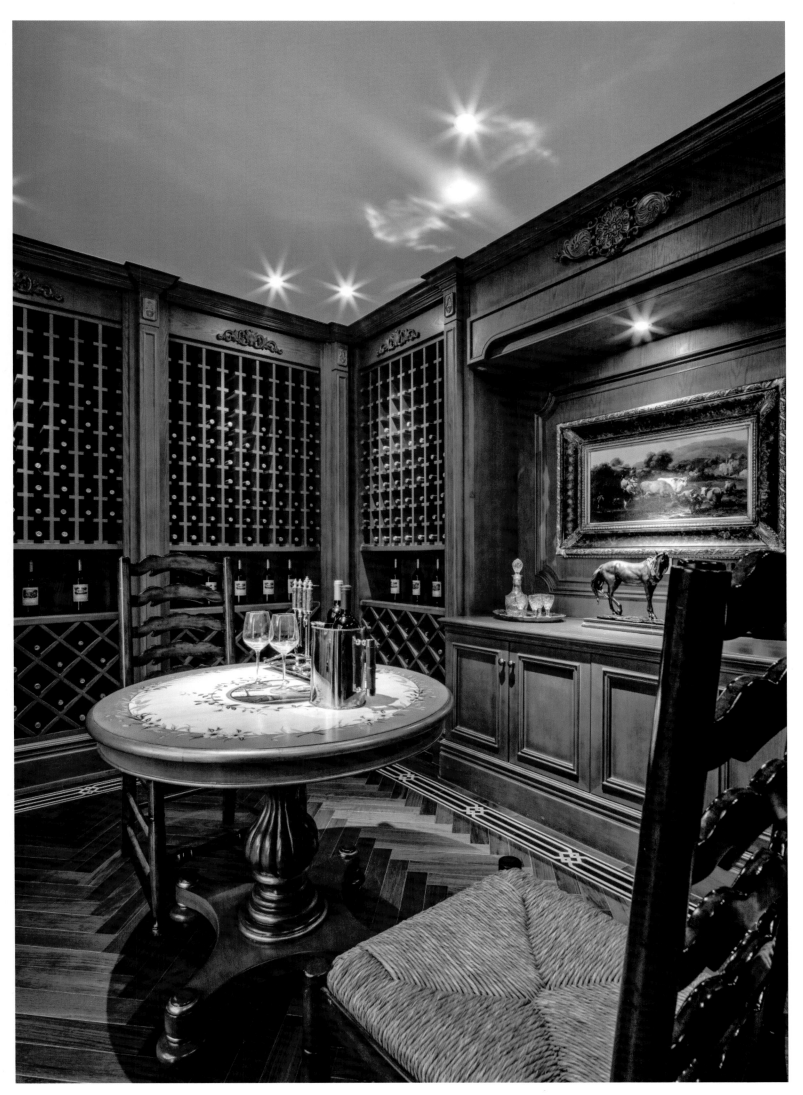

福建龙旺康桥丹堤 D4 户型

设计机构： 上海关哲建筑设计有限公司	项目面积： 502 m²
设 计 师： 陈铌	摄 影 师： 施凯
项目地址： 福建·福州	主要材质： 雅士白大理石、灰木纹大理石等

　　设计师在设计理念上出于理想情景的考虑，追求与延续建筑的诗意、诗境，力求在气质上给人深度的感染。室内氛围则偏于优雅与华贵，视觉上带来恢宏的气势，豪华舒适的居住体验，细节处理上运用了法式廊柱、雕花、线条，制作工艺精细考究，呈现出浪漫典雅风格。

　　浑厚而又洁白的护墙板作为基底，搭配精致而华丽的新古典家具，例如气势恢宏的沙发组合，大肚斗柜，搭配抢眼的古典细节镶饰，及精美的青花瓷点缀其中，多了些文化与艺术气息，呈现出皇室贵族般的品位。

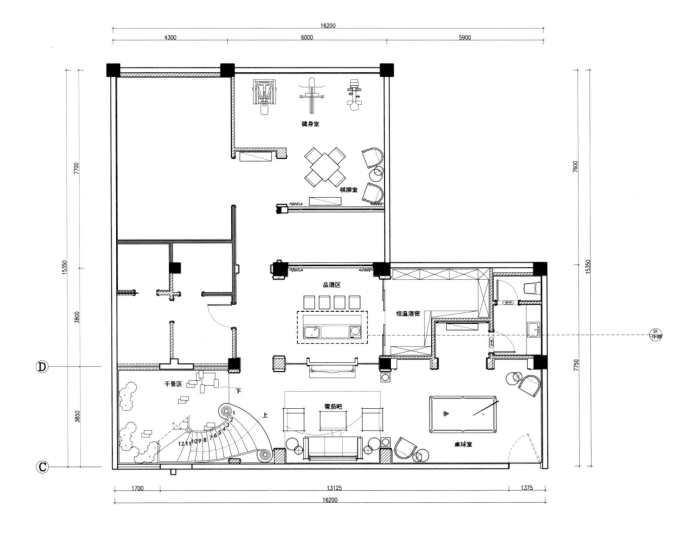

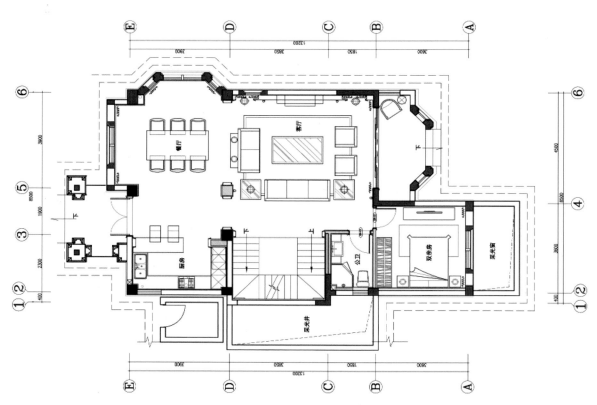

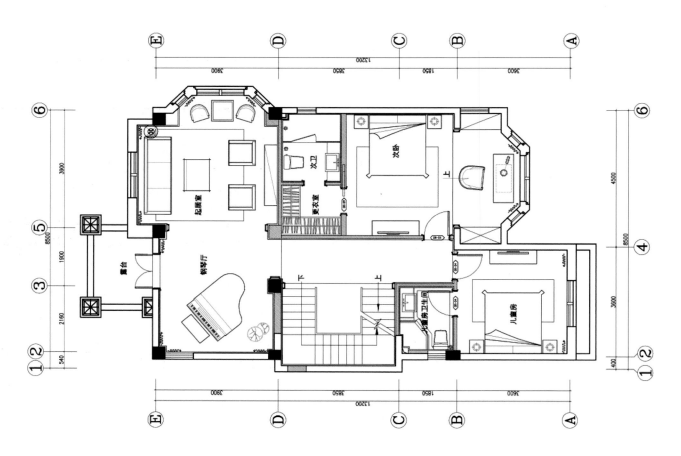

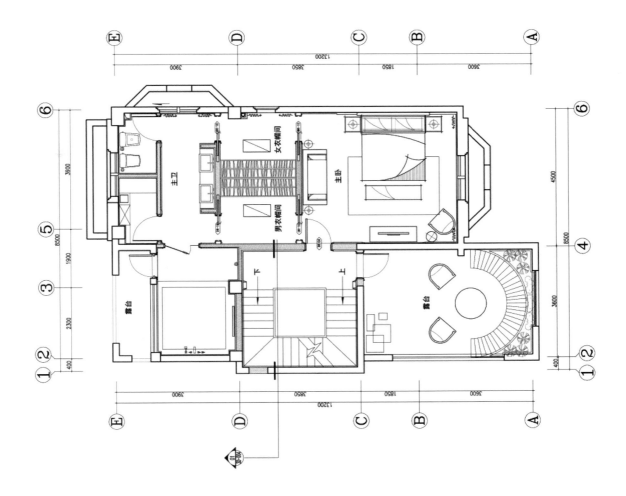

福建龙旺理想天街 B1 户型

设计机构： 上海关哲建筑设计有限公司	项目面积： 118.1 m²
设 计 师： 陈铌	摄 影 师： 施凯
项目地址： 福建·福州	主要材质： 云朵拉灰大理石、巴黎灰大理石等

　　本案在原建筑上做了诸多改进。采用开放式厨房，空间更加通透，使餐厅采光更佳；交替上升的楼梯设计不仅节省了空间，而且富有趣味性；在设计上古典和现代结合，中式与西式结合，取其精髓，让空间氛围更加多元化。在现代风格基础上，传承了华丽的古典主义美学追求。同时又取中西文化精髓，让空间氛围更加多元化，金色银色的线条隐约地浮现出古典宫廷的华美和神韵，蓝色和黄色交织的镶金布艺装饰，让人宛如置身于英伦贵族的居所，体现了当代人对高品质生活的追求，也流露出了对华丽古典时代的追忆。

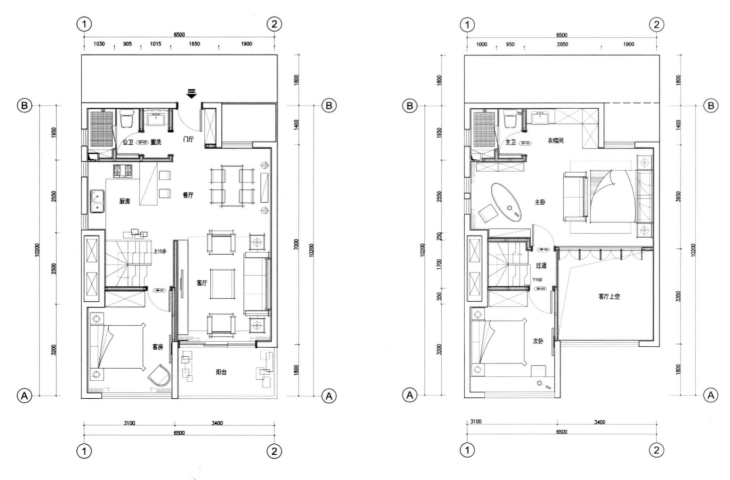

蓝湾上林院 380 户型

设计机构： 深圳优加观念设计有限公司	项目面积： 380 m²
主设计师： 林松、江利萍	主要材质： 不锈钢电镀金、黑檀、玛瑙等
项目地址： 浙江·金华	

设计师试图营造一种奢华的现代氛围，一种既厚重、华丽又具时尚特色的视觉效果。

同时在充分符合空间人体工学与使用舒适度的基础上，以近乎魔方的创想，让设计风格成为无界限的艺术。为延续大户型的格局优势，设计师以 Art Deco 装饰艺术为设计灵感，通过新颖的造型、高饱和度的色彩及材质、品牌精准的把握运用，整个空间用硬朗的金属和玻璃与柔性的皮毛搭配，冷暖两色的相互映衬，再加上家具和软饰的碰撞，以局部混搭来建构空间调性，增加奢华感与品质感。

这是一种"心随万境转"的新空间演绎艺术。住宅的环境可以随心而动，变幻出不一样的风格与人生情怀。这种装饰手法的最高境界让人身心合一，并与空间、陈设艺术有机地构成整体。

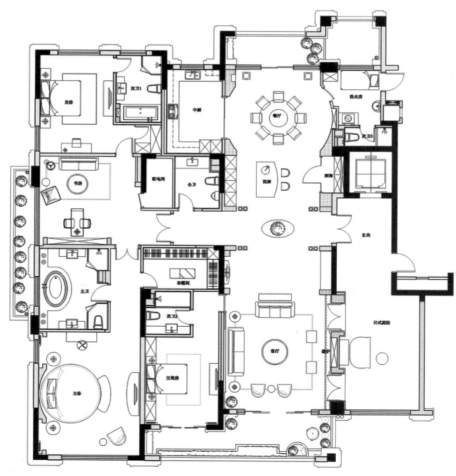

海上国际城简约欧式别墅样板房

设计机构： 上海鼎族室内装饰设计有限公司	项目面积： 420 m²
设 计 师： 吴军宏	摄 影 师： 上海三像摄文化传播有限公司 张静
项目地址： 天津	

设计师针对本案选择了欧式风格，欧式风格本身具有很厚重的文化积淀，在其框架内简单的堆砌是容易的，也是最讨巧的，而用匠心独具的创意在欧式古典中舞动出灵动的神韵，却是挑战中的挑战。

本案并非限于欧式风格中的某一流派，而是意在打通各种流派的界线，形成鲜明的、个性化风格。于是我们看到了罗马式和法式的廊柱，也看到了英法风格混搭的皮椅和壁炉，更看到了欧式风格中不可或缺的水晶吊灯、镜面、新古典主义的静物油画等元素，这种种一切，将空间装扮得华彩、浓烈又分外妖娆。此外，在一些精心布置的细节上也可以看到欧式古典传统源远流长的积淀；但总体上而言，设计师以灵巧的匠心独具超越了欧式的繁冗和浮华，在主干部分的深色调外，尚有色调呈现出明快、爽朗的一面，从而展现出了更加现代、时尚的风尚气质，比如在阅读区，书架的造型就在古典中演绎出了现代大都会色彩的格调，显得摇曳多姿却又文脉悠远；在卫生间，设备本身的现代性在这个区间范围内形成独成统一的调性和氛围。

本案借助空间结构的解构、重组、淬炼和凝华，便可以借由空间的特质满足业主对悠然自得的生活方式的向往与追求，让业主在纷纷扰扰的现实生活和超逸的精神世界中找到极致和谐的平衡，缔造出一个隔绝纷扰、令人心驰神往的写意空间。

江阴水岸新都

设计机构：吉友洪室内设计工作室　　　　项目面积：1000 m²

设计师：吉友洪　　　　　　　　　　　　摄影师：金啸文

项目地址：江苏·江阴　　　　　　　　　主要材质：大理石、木质护墙、墙纸、金箔等

对于有品位和追求的业主来说，室内设计不仅要在视觉上符合美学概念，征服他们的眼球，同时也要在功能上让他们体会到舒适与便利，征服他们的身体。

采光是家装要考虑的重要因素，怎么样能到达最好的采光效果，使家里的每个角落都不显得沉闷，这就考验设计师的功力和细心程度了。

为了让业主在休闲娱乐的同时可以沐浴阳光，舒畅心情，设计师对此套别墅的格局做了一些调整：将地下室休闲区、健身区的位置向外延伸，使原来的侧面采光，变成了从延伸出的顶面直接采光，从而让地下室的整个空间更宽敞、明亮。同时，楼梯间的顶面采用了透光的穹顶设计，既增加了采光度，又开阔了视野，仿佛楼梯的那端就是另一个天堂。

由于这是一套两栋房子打通的别墅，故楼梯处于客厅正中的位置，这既不符合业主的心意，也影响了出行的便利程度。于是设计师将楼梯的位置做了巧妙的调整，避免了呆板的视觉感，便利的同时，又不影响美观。

另外，设计师将每个房间都设计成套间格局，既保证了每个房间的私密程度，同时又更大程度地满足了业主的需求。

图书在版编目（CIP）数据

奢豪宅 II ：全2册 / 深圳市博远空间文化发展有限公司编. — 武汉 ： 华中科技大学出版社，2017.6
ISBN 978-7-5680-2187-6

Ⅰ．①奢… Ⅱ．①深… Ⅲ．①住宅－室内装饰设计－作品集－中国－现代 Ⅳ．①TU241

中国版本图书馆CIP数据核字(2016)第213977号

奢豪宅 II：全2册
SHE HAOZHAI II：QUAN 2 CE

深圳市博远空间文化发展有限公司 编

出版发行：华中科技大学出版社（中国•武汉）	电话： （027）81321913
武汉市东湖新技术开发区华工科技园	邮编： 430223
出 版 人：阮海洪	

责任编辑：高连飞	责任监印：秦 英
责任校对：吴亚兰	美术编辑：王丹凤

印　　刷：深圳市汇亿丰印刷科技有限公司
开　　本：1020mm×1440mm 1/16
印　　张：39.5
字　　数：505千字
版　　次：2017年6月第1版第2次印刷
定　　价：756.00元（上、下册）

华中出版

投稿热线： (010)64155588-8000
本书若有印装质量问题，请向出版社营销中心调换
全国免费服务热线：400-6679-118 竭诚为您服务